地球的变动

撰文/谢中敏　　　审订/王鑫

中国盲文出版社

怎样使用《新视野学习百科》？

1 开始正式进入本书之前，请先戴上神奇的思考帽，从书名想一想，这本书可能会说些什么呢？

2 神奇的思考帽一共有6顶，每次戴上一顶，并根据帽子下的指示来动动脑。

3 接下来，进入目录，浏览一下，看看这本书的结构是什么，可以帮助你建立整体的概念。

4 现在，开始正式进行这本书的探索啰！本书共14个单元，循序渐进，系统地说明本书主要知识。

5 英语关键词：选取在日常生活中实用的相关英语单词，让你随时可以秀一下，也可以帮助上网找资料。

6 新视野学习单：各式各样的题目设计，帮助加深学习效果。

7 我想知道……：这本书也可以倒过来读呢！你可以从最后这个单元的各种问题，来学习本书的各种知识，让阅读和学习更有变化！

神奇的思考帽

客观地想一想

用直觉想一想

想一想优点

想一想缺点

想得越有创意越好

综合起来想一想

? 地球的变动有哪些现象？

? 你最喜欢哪种侵蚀造成的景观？

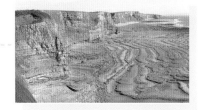

? 地球变动带给人类哪些好处？

? 火山和地震曾带来什么灾害？

? 如果五大洲又连成一块大陆，将会发生什么事情？

? 哪些研究和发明让我们更了解地球的各种变动？

目录

神奇的思考帽

CONTENTS

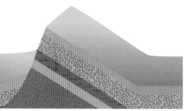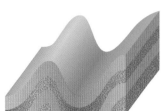

历史上的地震研究

（张衡，图片提供/维基百科）

古代有很多关于地震的记载，但人们普遍认为地震是神明或神兽发威的结果。直到19世纪后期，才在实测资料的基础上，将地震研究从传说带向科学的境界。

中国古书上的地震

在地球各种变动现象中，地震对人类文明的威胁无疑最大。中国位于环太平洋地震带和欧亚地震带之间，发生过许多超级强震，而世界最早的地震记载也出现在中国。编纂于战国时代的《竹书纪年》便记载舜帝35年

1976年的唐山大地震是20世纪最惨烈的地震，约有24万多人丧生。（图片提供/达志影像）

（约公元前23世纪），舜帝派大禹出征三苗，当三苗灭亡时，发生了土地裂开、泉水涌出的大地震。此外，在先秦的《墨子》、《国语》和宋朝的《太平御览》、《梦溪笔谈》等古籍中，都有许多关于地震的记录。

地震异象的珍贵记录

除了地震记录，古人还描述地震前的异常现象。例如明代《明神宗实录》描述1509年的湖北地震：武昌上空有碧光闪烁如电，出现五六次，并有声音如

1880年的日本横滨大地震之后，英国地质学家米尔恩发明了简单实用的水平摆式地震仪。（插画/江正一）

雷鼓，不久发生地震。唐代的《开元占经》也曾提到：老鼠全部跑到街上大叫，之后大地崩裂。1556年造成83万人死亡的陕西大地震，有一个幸存者秦可大写了一本《地震记》，告诉后人如何采取应变措施，很有实用价值。

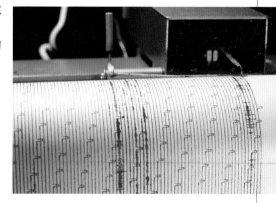

地震波的体波分为P波（主）和S波（次），其中P波能穿过任何物质，使岩石前后震动；而S波只能穿透固体，会使岩石上下或左右震动，或是同时扭曲。（图片提供/达志影像）

候风地动仪

张衡不但是中国东汉的大文学家，在天文学及地震学上也有极大的贡献。他在公元132年利用铜铸造了"候风地动仪"，这个地震仪外面的8条龙代表8个方向，并且和内部机关相连；当地表发生震动时，朝着震源方向的龙珠就会从龙口落到底下的蟾蜍嘴中。以现代的观点来看，虽然候风地动仪无法准确指出地震方向，但在当时就知道地震有方向性的张衡，可以说是最早发明地震仪的奇才。

候风地动仪是世界最早的地震仪，侦测的范围可达数百千米。（台湾自然科学博物馆，摄影/张君豪）

现代地震学的里程碑

虽然如此，直到1860年左右，西方学者才认为地震是到处都会发生的"自然现象"。英国科学家马利特（Robert Mallet）曾试图制作全球地震活动图，并且发明了地震学一词。1875年，英国地质学家米尔恩到日本指导采矿工作，日本频繁的地震使他深感兴趣。1880年横滨大地震后，他与几位科学家成立了日本地震学会，并发明简单实用的地震仪，使地震的实测工作跨出一大步。1897年，他有计划地收集全球地震观测资料，开始每半年发表一次地震报告《夏德通报》，这是第一部全世界地震资料实录，为地震研究建立了新的里程碑。

地震仪记录的地震波。19世纪末的米尔恩已能利用地震仪绘出地震波。（图片提供/达志影像）

塑造地表的作用力

（美国大峡谷，图片提供/GFDL）

无论是我们居住的陆地，还是看不见的海底，地球表面高低起伏不断，呈现各种不同的面貌。这是因为地球在形成的46亿年间，不断受到内营力和外营力两种作用的影响，渐渐变成我们现在看到的地表。

珠穆朗玛峰高达8,844米，为世界第一高峰，是由地球板块互相推挤的内营力形成的。（图片提供/维基百科，摄影/Luca Galuzzi）

 ## 内营力

内营力是两大地质营力之一，它的能量源自地球内部，例如岩浆流动、地球内部发散热量的力量。虽然这种力量平常我们肉眼观察不到，但是它威力无穷，可以使火山喷发，或者造成断层引起地震，甚至使地壳隆起和下降，因此内营力是造成今日地表地形的主要原因。世界第一高峰珠穆朗玛峰，便是通过地球板块互相推挤的内营力而产生；2007年夏威夷的基劳维亚火山爆发，也是内营力作用下的结果。

 ## 外营力

外营力是我们可以观察到的地质营力作用，它的能量来源是太阳和动力。太阳的热力所形成的气温变化、风，以及河流、地下水、海水、冰川等，都能改变地球外表。

位于苏格兰的海蚀洞芬加尔洞窟，洞内的海水回响声启发了门德尔松谱出《芬加尔洞窟》序曲。（图片提供/维基百科）

除了形成高山之外，地球板块互相推挤的内营力还会形成熔岩，并造成火山爆发。（图片提供/达志影像）

美国大峡谷总长446千米，平均深度约1,200米，是由科罗拉多河600多万年来不断侵蚀形成的。（图片提供/达志影像）

地球自从冷却形成地壳后，内营力一直不断作用，造成地表有高山、海沟、火山和断层等凹凸不平的现象。当内营力渐渐转弱，或作用频率大幅降低后，外营力便继续作用。外营力中的风化作用能使岩石崩解。此外，风力、河流、冰川、海水等都会造成侵蚀作用，破坏原有的地表；但这些力量同时也能进行搬运作用和沉积作用，而塑造出新的地貌。由于侵蚀和沉积两种作用不断地进行，使得地球面貌一直在改变中。

美国大峡谷

2007年3月28日，美国大峡谷的天空步道正式开放了，让游客能够更深刻地感受到大峡谷的壮阔。大峡谷是指美国西南方科罗拉多河中游的一段峡谷，长约446千米，平均深度约1,200米。

大峡谷最早的岩层可以追溯到近20亿年前的前寒武纪，初期是受到外营力沉积作用的影响，渐渐堆积成一层一层的沉积物。之后，约在6,500万年前，在内营力作用的地壳隆起之下，这些沉积物在500多万年的时间中向上隆起1,000多米，成为科罗拉多高原。

然而，这个地形的隆起也使得科罗拉多河的倾斜度加大，而产生强大的外营力侵蚀作用，直到约120万年前，科罗拉多河下切到接近今天的大峡谷深度。

天空步道是个U字型的玻璃平台，从崖边往外延伸的20米全部悬空，总负重可达70吨。（图片提供/GFDL，摄影/ComplexSimple LLC）

雨水溶解石灰岩后，充满矿物质的水滴滴落时，会在滴落处留下一圈很薄的矿物质，每滴水都会留下一圈，久而久之就形成钟乳石。（图片提供/维基百科）

板块构造运动

（岩浆活动是主要的内营力之一，图片提供/维基百科，摄影/Jonathan Lewis）

内营力是改变地球外观的主要力量，和岩浆活动有密切的关系。岩浆活动造成新的板块，板块本身又产生种种复杂的构造运动，从古至今不断持续着。

板块成因

地壳板块是由不同岩浆冷却而形成的，这些岩浆比重不同，玄武岩的比重大，形成海洋地壳；花岗岩比重小，容易浮起，形成大陆地壳。这些板块形成后，持续移

地球的火山、地震活动几乎都发生在板块的边界上。（插画/施佳芬）

欧亚板块　北美洲板块　印度洋板块
环太平洋地震带，俗称火环
非洲板块
太平洋板块
南美洲板块
大西洋中洋脊

动，速度非常缓慢。地球表面的地壳分成数个板块，就像海上的浮冰漂来漂去。目前全球有七大板块和一些次要板块。在板块的漂流过程中，有时会相互挤压，这种性质的边界称为"聚合型板块边界"，分离的称为"分离型板块边界"，错开的称为"错动型板块边界"。全球的火山、地震等活动，大多发生在这三种板块边界上。

地表上的各种构造运动。（图片提供/达志影像）

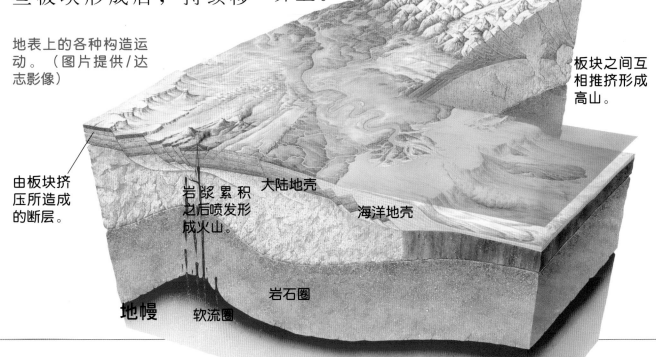

板块之间互相推挤形成高山。

由板块挤压所造成的断层。

岩浆累积之后喷发形成火山。

大陆地壳

海洋地壳

岩石圈

地幔　软流圈

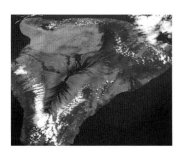
夏威夷群岛是由热点的岩浆直接喷发到地表上形成的。（图片提供/维基百科）

构造运动

构造运动是指由地球内部能量所引起的地壳变形和变位，例如地层褶皱、断层、倾斜等现象，属于小规模的构造运动，而火山、地震、海底扩张或造山带的形成，则属于大规模的构造运动。构造运动可依运动方向分为垂直运动和水平运动。垂直运动指地壳或岩层的上升或下降；水平运动常造成地壳或岩层的挤压、剪切或平移。在地球多数地方，这两种运动是同时或先后发生。

岩浆活动

地幔的岩浆也会通过地壳比较薄的地方（如分离型板块边界）冒到地表，冷却后形成新的海

岩石圈

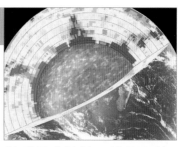
地球是由地核、地幔和地壳组成。图中黄色为地幔，蓝色为熔没的地壳，红色为岩浆及地核。（图片提供/达志影像）

地球刚形成的时候，是一个又热又软的岩浆球，并没有现在我们看到的地表。后来地球随着时间流逝而表壳渐渐变冷，此时不同成分的岩浆上升到地表后，冷却形成不同的地壳。此外，在地球还是岩浆球时，密度比较大的金属物质渐渐沉淀到地球中心，成为地核；而密度比较小的物质则会缓缓浮上表面，成为地幔。组成地幔的物质就像岩浆一样又热又软，由最外面坚硬的地壳包着。虽然组成地壳和地幔的物质不同，但两者交界的地区并不是一个很平滑明显的面，因此科学家利用"软硬度"来区分：坚硬的地壳和地幔最上面的坚硬部分称为岩石圈，厚度约100千米，而岩石圈下较软的部分，就称为软流圈。

洋地壳。此外，在地幔的某些部位，岩浆窜升的能量特别强大，称为"热点"；热点的岩浆可以直接穿透海洋地壳喷发到地表，冷却后会在海中形成火山岛，夏威夷群岛便是这样产生的。

板块间互相挤压会形成高山或断层，图中的断层切面可以清楚地看到板块挤压造成的痕迹。（图片提供/达志影像）

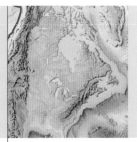

大陆漂移

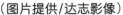

在3亿年以前，地球的表面只有一个大陆块，而现今地球上的亚洲、非洲、美洲、欧洲和南极洲五个大陆块，是怎么从一个大陆块变来的呢？

冰岛在北美洲板块和欧亚板块的接合处，能明显看到大西洋断层。这两个板块作张裂运动，造成冰岛频繁的地震和火山现象。（图片提供/达志影像）

魏格纳和大陆漂移学说

德国气象学家魏格纳在1912年的地质学会议中，根据南美洲、非洲古生代化石在世界上分布的相关性，以及大西洋两岸海岸地形的类似，发表了"大陆漂移学说"，认为五大洲是由一个大陆块分裂而来，并且在1915年出版了《大陆与海洋的起源》这本书，但并没有在当时的科学界引起太大回响。

后来魏格纳致力于研究古气候变迁，并利用这些古气候证据重建古代赤道、极区的位置，证明五大洲在以前是相连的。这次魏格纳终于引起全世界地质界的兴趣，但美国、英国等地质界认为魏格纳是个不折不扣只会吹牛的人，他的学说根本就是天方夜谭！一直到魏格纳死后数十年，大陆漂移学说才被证实是地质学上最重要的发现。

约1亿多年前盘古大陆开始分裂，1.8亿年前分为劳亚和冈瓦纳两块。之后北美洲和欧洲分离、南美洲和非洲分离、大西洋形成，逐渐变成现在的样子。（绘图/施佳芬，图片提供／达志影像）

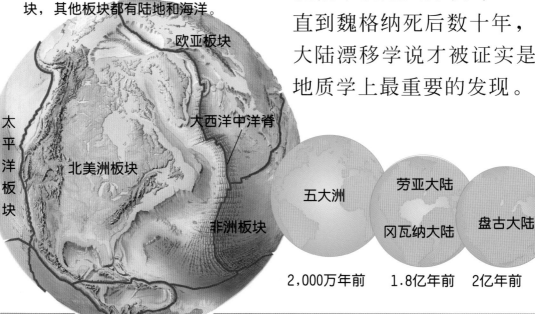

现今的地球板块，除了太平洋板块，其他板块都有陆地和海洋。

欧亚板块

大西洋中洋脊

太平洋板块

北美洲板块

非洲板块

五大洲　　劳亚大陆

冈瓦纳大陆　　盘古大陆

2,000万年前　　1.8亿年前　　2亿年前

德国地球物理学家魏格纳，因为注意到南美洲和非洲的海岸线能够接合，而提出"大陆漂移"这个学说。（图片提供/达志影像）

五大洲的形成

在约3亿年前的石炭纪晚期，五大洲是连在一起的，这个超级大陆块称为盘古大陆。到了1亿多年前的侏罗纪，盘古大陆开始慢慢裂开，这些陆块像漂浮在海面上的冰山一样，缓缓地移动。到了之后的白垩纪，南美洲与

舌羊齿目已经绝种，相同年代的化石却出现在不同大陆上，是证明大陆漂移的证据之一。（图片提供/达志影像）

海底会不断扩张吗

在大陆漂移学说的基础上，美国地质学家赫斯（Hess,1962）和迪芝（Distz,1961）提出海底扩张学说。他们观察到各大洋中央的海底山脉（中洋脊）两侧的地形是对称的，而且离中洋脊愈远的海洋地壳年龄愈大。因此，他们提出中洋脊是软流层岩浆上升的出口，岩浆流出时，地壳会受热隆起成为山脉，而岩浆冷却后形成新的海洋地壳，同时把原来的海洋地壳向两侧推开，扩张原来的海底面积。但当旧的海洋地壳不断被向外推，遇到大陆地壳时，可能会沉入下方，受热融化回到地幔。所以海底不会一直扩张。大陆漂移学说和海底扩张学说，后来就演变为板块构造学说。

非洲互相朝反方向移动，中间形成的玄武岩质海洋地壳便是现在的大西洋。直到2,000多万年前的中新世，现代五大洲的雏形才出现。根据估算，大陆的平均漂移速度大约是每年2.5厘米。

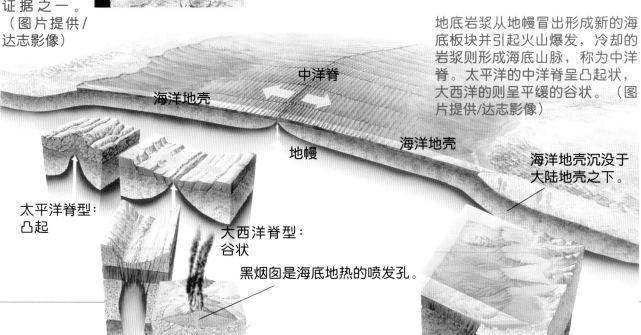

地底岩浆从地幔冒出形成新的海底板块并引起火山爆发，冷却的岩浆则形成海底山脉，称为中洋脊。太平洋的中洋脊呈凸起状，大西洋的则呈平缓的谷状。（图片提供/达志影像）

中洋脊

海洋地壳

地幔

海洋地壳

海洋地壳沉没于大陆地壳之下。

太平洋脊型：凸起

大西洋脊型：谷状

黑烟囱是海底地热的喷发孔。

造山与造陆运动

（背斜和向斜一起出现的褶皱，图片提供/GFDL）

造山运动是地壳发生剧烈的变动而形成山脉，造陆运动则是地壳缓慢地上升隆起。自从中生代（约1、2亿年前）各板块发生聚合、错移及张裂后，所引起的板块活动，就是造山与造陆运动的力量来源。

东非大裂谷全长约6,000千米，最深达2,000米，宽30—100千米，是一系列正断层所造成，因此地形复杂。（图片提供/达志影像）

褶皱造成的地形

板块间聚合会导致水平方向的陆地变形，互相挤压的岩层在高温、缓慢推挤的过程中，使岩层如橡皮糖扭曲并向上推挤，平坦的地表因而隆起，造成巨大的褶皱山脉，例如喜马拉雅山脉、阿尔卑斯山脉、安第斯山脉等，都可以在裸露的山壁上看到层层弯曲相叠的岩层。若地壳上升的规模大、速度慢，这时因为岩层是整体慢慢上升，没有被强烈的构造运动影响而变形，就会形成表面平坦的高原，例如青藏高原。

图为英国威尔斯地区的背斜褶皱。这块岩层大约是4亿年前形成的，褶皱经过地壳挤压和海水侵蚀，才变成今天的模样。（图片提供/达志影像）

断层造成的地形

若互相挤压的岩层因为压力太强、速度太快，或岩层太过脆硬，以致来不及变形而破裂，就会在地表形成断层带。若是断层两侧有相对垂直方向的移动，则正断层会使地表

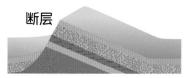

断层

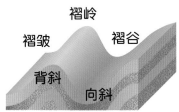

褶岭

褶皱　　　褶谷

背斜

向斜

右图：地壳的反弹作用在北加拿大、北欧和美国的五大湖地区最为明显。（图片提供/维基百科，摄影/Fritz Geller-Grimm）

左上图的断层是当只有一边受到挤升所形成的状态。
左下图的褶皱可以细分为凸起的背斜和凹下的向斜。（插画/施佳芬）

喜马拉雅山的鱼龙

生长在中生代三叠纪（约2亿年前）末期的鱼龙，是一种海中生物，拥有海豚般流线型的身体，四肢如同桨，可快速划水、游泳。在1966年，鱼龙化石竟然在喜马拉雅山高达海拔1,800米的地方被发现。除了鱼龙，当地还有许多箭石、珊瑚、菊石等古生代的化石，这证明6亿年前的古生代，喜马拉雅山这个地方还是一片浅海，海中充满丰富的生物；后来到了古生代末期，喜马拉雅山主体开始慢慢升高；中生代时，板块运动使印度大陆脱离澳洲大陆而撞向欧亚大陆板块，但喜马拉雅山的南侧还是在海平面之下，中生代的鱼龙、菊石等各种生物就生长在这片浅海中。直到新生代，喜马拉雅山南侧的"海"才慢慢封闭并且升高；到了3,750万年前，喜马拉雅"海"才完全消失。在最近的300万年之中，喜马拉雅山一口气升高了3,000米，把所有海中生物的化石都推到高耸的山峰上了！

凹陷，形成地堑和裂谷，例如一系列正断层所造成的东非裂谷；逆断层则可使地表隆起，甚至成为断块山脉，例如逆断层与褶皱所造成的台湾造山带。

冰盖引起的地表隆起

除了板块间挤压的力量造成地壳上升，大陆冰川融化也会造成地表隆起。在终年积雪的极区，由于冰层厚度可以达到4,000米以上，这样厚重的冰层把底下的地壳往下压，当冰层融化，地壳便缓缓"反弹"为原本应该有的形状。

位于中国西南边疆的青藏高原是世界上最高的高原，平均高度约4,500米，有"世界屋脊"之称。（图片提供/维基百科）

鱼龙是一种类似鱼和海豚的大型海栖爬行类，出现时期约在2.5亿年前，约9,000万年前消失。（图片提供/GFDL）

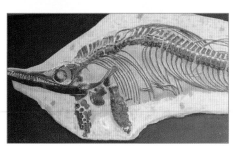

地震

全世界的3个主要地震带，都位于板块之间的边界上。当板块之间发生推挤、拉扯或错动时，岩层先是变形扭曲，并将受到的各种力量累积起来，等到变形到极点时便会断裂，并同时将累积的能量瞬间放出，形成地震。岩层的断裂就是断层，地震的发生95%是来自断层，极少部分是来自火山爆发、陨石撞击和人为因素（如核试验）等。

1995年的日本阪神大地震，造成6,000多人死亡，约2,000亿美元的损失，是目前为止最"昂贵"的天然灾害。（图片提供/达志影像）

聚合型板块边界的断层

环太平洋地震带和欧亚地震带都属于这类断层。这类断层大多是逆断层，由于逆断层造成上盘岩层向上抬升，而造成地表隆起，并在地表留下明显的破碎断层带。它所引起的地震通常规模大、震源有浅有深，有时造成严重灾害，例如1995年的日本神户地震，不但让断层带上的房屋、桥梁纷纷

95%的地震原因都是断层形成的，陆地上常见的有聚合型断层和错动型断层，另外还有分离型断层。（插画/吴仪宽）

倒塌、断裂，还使瓦斯管线破损而引起火灾，总共造成6,000多人死亡。

分离型板块边界的断层

位于海底的中洋脊地震带属于这类断层。地幔上部的岩浆产生熔融作用向上冒出地表时，会将板

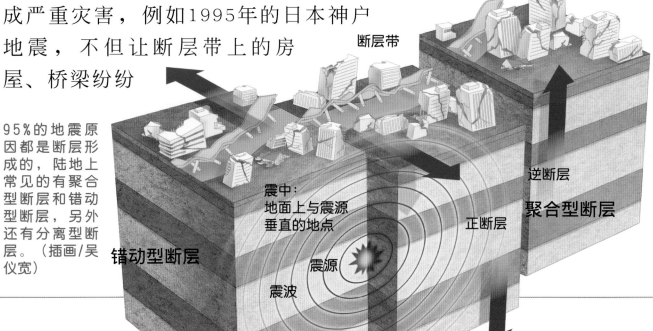

断层带

震中：地面上与震源垂直的地点

逆断层

聚合型断层

正断层

错动型断层

震源

震波

1906年的旧金山大地震，是这种等级的地震第一次以摄影作记录，图中显示地震后的灾况。（图片提供/维基百科）

块往两边推开而产生一系列的正断层及新的地壳；若发生在海洋地壳，便会形成海底火山及海底山脉（中洋脊）；若发生在陆地地壳，则会形成裂谷，例如深达2,000米的东非大裂谷。由于这种张裂不会产生像板块挤压那样巨大的压力，所引起的地震通常规模很小。这类地震震源很浅，因大多在海底，规模又小，很少造成大灾害。

错动型板块边界的断层

错动型板块边界是因为两个板块水平错开而产生一系列的平移断层，例如中洋脊的两个分离板块又发生错动，而将中洋脊切成一段一段的。这种断层引起的地震，通常是地表错开。1906年美国旧金山发生的大地震，就是错动型断层（圣安地列斯断层）造成的，由于北美洲板块与太平洋板块互相移动，在地表上产生477千米长的断层破裂面，几乎使整个旧金山市全毁。

造成旧金山大地震的圣安地列斯断层。这次地震造成了长达477千米的裂缝。（图片提供/达志影像）

地震传说

18世纪以前，西方人认为地震是因为上帝发怒，用来惩罚异教徒或不虔诚的基督徒。东方人则认为地震和动物有关系，例如日本人认为地震是因为地底下有一只大鲶鱼在活动。

里氏地震规模

地理学家里克特和古腾堡共同制定的里氏地震规模，是根据地震仪来测定震源本身大小，但里氏地震规模若大于6.8或观测点距离震中超过600千米便不适用。后来研究人员提议改进，最为常用的是面波震级（MS）和体波震级（Mb）。

2.0以下　没感觉
2.0—2.9　人一般没感觉，设备可以记录
3.0—3.9　经常有感觉
4.0—4.9　室内东西摇晃，不太会造成损失
5.0—5.9　对设计优良的建筑物造成少量损害
6.0—6.9　摧毁方圆160千米以内的居住区
7.0—7.9　对更大的区域造成严重破坏
8.0—8.9　摧毁方圆数百千米的区域
9.0和以上　摧毁方圆数千千米的区域

火山

（世界上有10%的火山在日本，图中的富士山为休眠火山。图片提供/维基百科）

火山在古罗马语中是"火神"的意思。火山喷发时除了溢出大量有毒气体外，灼热的熔岩还会摧毁地表上的植物、动物和建筑物，像火神发威一样。不过火山并不只会带来毁灭，陆地火山喷出的物质风化后会形成肥沃的火山灰；海底火山爆发后熔岩涌出海面，冷却后便形成新的岛屿。

维苏威火山爆发，使庞贝古城被埋在厚达6米的火山灰之中。（图片提供/达志影像）

火山的成因

火山大多分布在板块的边界。聚合型的板块边界，海洋地壳（密度较大）会隐没到陆地地壳（密度较小）之下，被地底的高温熔融成岩浆；岩浆温度高、密度小，会受到浮力上升集合成岩浆库。当岩浆库的压力到达临界点便会喷发，例如日本、菲律宾、印度尼西亚等西太平洋地区上的火山。此外，分离型的板块边界，高温的地幔物质会上升到地表形成火山，例如位于太平洋、大西洋及印度洋海底的中洋脊，是世界上最大最长的火山链，总长度超过6万千米。

除了板块的聚合带和分离带之外，热点也会造成火山。热点是指海底某些地点，地下的岩浆像柱子一样不断往上升，形成火山。热点火山的成因与板块活动无关，当板块缓缓移动时，热点相对于地心的位置并不会改变，所以会在板块上形成长条状的火山带，例如夏威夷火山群岛。

火山的分布位置，包括聚合型板块边界、分离型板块边界和热点。（插画/吴仪宽）

火山灰

火山弹

分离型板块边界形成的火山带

热点

侧喷口

聚合型板块边界形成的火山

陆地地壳

岩浆库

海洋地壳沉到下面后会受热熔融成岩浆

珊瑚在火山岛四周生长，当火山岛逐渐下沉，最后沉没海底，露出的珊瑚礁就形成环礁。（图片提供/达志影像）

火山喷发的种类

有的火山喷发直冲云霄；有的则是沿着地面流动，这和岩浆的成分有关。当岩浆含有较多二氧化硅，则酸性强，黏度高，把气体裹住，爆发力就强。反之，二氧化硅含量少，碱性高，岩浆的流动性就强。喷发时，从火山口喷出的便形成火山锥；沿着裂隙流出的则形成盾状火山。若根据火山喷发的频率，又分为活火山、死火山、休眠火山等。

火山传说

夏威夷人相信贝利是火山女神，喜怒无常，当她发怒时火山就会爆发，而火山岩是她的身体。所以

献给贝利女神的祭品，图中为招来好运的铁树叶和兰花。（图片提供/达志影像）

由火山岩组成的夏威夷，寸土寸金都是贝利女神的一部分。到夏威夷的游客都会被导游警告，不可带走当地任何沙子或石头，否则会触怒贝利女神，受到报复。据说夏威夷火山公园游客中心每年都会收到大量退回夏威夷沙石的信件，给贝利女神的道歉信更是不可计数。

动手做火山

想看火山爆发时的壮观景象却看不到吗？没关系，自己做就好！
材料：小型塑料瓶一个、小苏打粉、食用色素、醋、沙子。

1. 取2匙小苏打粉放进塑料瓶里（视汤匙大小决定）。
2. 将塑料瓶放在托盘上，并在瓶子的四周倒进沙子，做成锥状的沙堆。

3. 在半杯醋里倒入些许的红色食用色素。
4. 再把醋倒入塑料瓶里，约几分钟后这座火山就会喷出红色起泡的熔岩。

（制作/杨雅婷）

夏威夷的岩浆喷发高达10米。火山的喷发类型是火山分类的方式之一。（图片提供/维基百科）

单元 8

海啸

（海啸的英文tsunami是由"津波"的日文读音而来，图片提供/维基百科）

2004年12月26日，印度洋海底的强烈地震引发震惊全球的南亚海啸，排山倒海的巨浪，不但造成印度尼西亚、印度、斯里兰卡等南亚国家总共超过30万人死亡，还明显地改变了当地的海岸线及沿岸地形。海啸发生的频率虽然不高，不过在改变地球外表的外营力中，却是短时间内威力最强大的一种。

海啸的成因

当地震的震中发生在海底时，猛烈的海底震动会将震波传递到海水，造成波长几十到几百千米的波浪。这些波浪推送到陆地时，由于水深变浅，波浪的波高迅速变大，可形成高达数十米的大浪冲上陆地，造成严重灾害。除了海底地震，火

2004年12月南亚海啸袭击泰国的情景，滔天的海浪直逼海滩。（图片提供/维基百科）

山爆发、水下的核试验或陨石坠落，也能引起海啸。

海啸的特征

海啸在深海传播时，因为波长很长，所以波高很小，在海中很难察觉

南亚大海啸是史上由地震引发的最大海啸，连离震中1.3万千米远的墨西哥都发生近3米高的巨浪。图为印度尼西亚在海啸过后的样子。（图片提供/达志影像）

海啸波浪的传递。但当海啸波浪一碰到陆地或阻挡物，就会像震波一样反射，所以除了地震深度、大小之外，海底地形也是影响海啸特性的主要原因。

海啸波浪传递到沿岸时，若波峰先到达，则会引起短时间内明显的海水面上

海啸警告牌指示人们逃往高处：许多动物也会在海啸来到之前逃到高处。（图片提供/维基百科）

升；若波谷先到达，则会引起海水倒退，因此海水面高度的快速改变是海啸发生前的明显特征。海啸发生的地点大致和地震带一致，全世界80%以上的海啸都发生在太平洋地区。地理位置相似的日本和韩国，因为沿岸海底地形不同，所以日本每年都受到海啸的袭击，但韩国却不需要担心海啸的影响。

海啸灾害

地震虽然会引起强烈的震动和地表的破坏，但是海啸的威力比大地震还要强上很多。海啸灾害通常发生在第一个海啸波到达陆地后的几小时内，强烈的海啸波浪曾在1960年将夏威夷群岛湾内10吨重的岩块移动超过100米；1755年的里斯本海啸不但造成葡萄牙6万多人死亡，还严重损毁了葡萄牙国力，使葡萄牙从此退出殖民帝国的行列，这次海啸可以说是改写了葡萄牙帝国历史的关键之一！

侦测海啸的浮标。海啸侦测中心会先测量地震发生时的震波，再检查当地的海浪变化是否已经有海啸产生。（图片提供/达志影像）

1755年的里斯本大地震引起了大海啸和大火，总共摧毁了里斯本约85%的建筑物。（图片提供/达志影像）

海啸的形成过程。海底的强烈地震造成波长极长的波浪，当这些波浪推送到陆地时，由于水深变浅，所以波高迅速变大，形成高达数十米的大浪。（图片提供/达志影像）

侵蚀与风化作用

（岩石的裂缝经过水分不断结冰、融化，越变越大，导致裂开。图片提供/GFDL）

岩石在外界自然力量的影响下，会在原地慢慢破裂分解变成碎屑，称为风化作用。风化的原因和风力并没有直接关系，而是有其他许多因素，大致可归纳为两类：物理风化和化学风化。

 ## 风化的原因

物理风化是指岩石受到温度、压力的变化而崩解成碎屑，在干燥或气候极端的地区，例如高山或沙漠最容易见到。由于四季或日夜温差大，岩石不断热胀冷

盐结晶作用又称盐风化。当含有盐分的溶液渗入岩石裂缝，蒸发留下的盐结晶在受热后会膨胀，使岩石瓦解。（图片提供/维基百科）

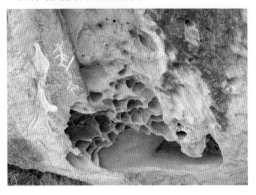

位于澳大利亚南邦国家公园里的风化石灰岩。岩石的裂痕除了是风化作用引起之外，有些也是植物生根造成的。（图片提供/达志影像）

缩，长期下来岩石内部渐渐产生裂隙，最后裂隙变大，导致岩石崩解；或是岩石内的水分子因为结冻而增大体积，使得岩石分裂成岩屑。

化学风化常发生在高温多雨地区。岩石的矿物质因为受到空气、雨水或生物滋生的影响，发生化学反应而使岩石分解。例如岩石内的硬石膏因为吸水而膨胀，使岩石结构松动，再加上含铁矿物与空气的氧结合而产生疏松的铁化合物，长期下来岩石便慢慢崩解成岩屑了。

平衡石是因为下面的软岩层较上面的硬岩层风化得快而形成。（图片提供/达志影像）

土壤与沙漠

岩石风化后的碎屑又会如何发展呢？气候是主要的决定因素。如果是温暖潮湿的地区，适合动植物生长，碎屑混合了空气、水和有机物质，而形成各种土壤。在多雨的地区，因为雨水会冲刷掉土壤中的矿物和盐分，所以土壤慢慢变成没有养分的酸性土壤，称为淋余土。在降水少于蒸发的地区，土壤慢慢累积钙、氯化钠等矿物，会形成碱性土壤，称为钙层土。至于特别干旱的地区，由于缺水，又不适合动植物生长，而缺少有

五颜六色的沙漠

你印象中的沙漠是什么颜色呢？是黄色，还是白色呢？在美国亚利桑那州的中北部，竟然有一座彩色的大沙漠。当阳光

彩绘沙漠是由多种矿物质和腐化的有机物质所形成，有颜色鲜明的小砂丘、高台和地垛等。（图片提供/维基百科）

照射时，沙漠便呈现出红、黄、蓝、紫、白等多种色泽。1858年，西班牙人见到这样的美景，便称它"彩绘沙漠"。居住在当地的印第安人，还以这些彩色沙砾制作沙画。除此之外，澳大利亚最大的辛普森沙漠是红色的，中亚最大的卡拉库姆沙漠是黑色的。这些颜色都是来自岩石中的矿物，由于各种岩石含有不同颜色的矿物，岩石风化后形成的沙粒，自然也就五颜六色。

机质，因此碎屑无法形成土壤，而成为更小的沙砾。

当受到的热和压力急剧减少时，岩石会发生球状风化。这种风化作用是物理、化学并行，最常发生在花岗岩上。（图片提供/达志影像）

单元10

河水作用

（即将形成的牛轭湖，图片提供/维基百科，摄影/Antony McCallum）

壮丽的山谷、蜿蜒的河道、宽阔的三角洲……河流在平坦的陆地上刻画出种种图样，也为我们提供许多美丽的自然景观。河流改变地表的方式有三种：侵蚀作用、搬运作用和沉积作用。

 侵蚀作用

河流的侵蚀作用又可分成水力作用、磨蚀作用和溶蚀作用。河水直接冲击岩石称为水力作用；河水以夹带的沙石作为侵蚀工具，称为磨蚀作用；河水将河床岩石的可溶性矿物溶解，或与矿物结合形成新的水合矿物，则称为溶蚀作用。在这三种作用力下，河道会渐渐加深及拓宽。

地壳大规模隆起之后，河流在地表上侵蚀出V型峡谷。图为澳大利亚卡尔巴里国家公园的默奇森河。（摄影/谢中敏）

河流源头附近由于地形陡峭，河水的流速较快、河流的宽度也较窄，常侵蚀成较深的河谷。

河流从断层上方流下形成瀑布。

河流对地形的各种侵蚀状态。（图片提供/达志影像）

河流进入大海前，流速变慢并开始沉积泥沙，在出口处形成三角洲。

牛轭湖

在较平缓的地形，河流会随地形曲折，宽度也会变宽，某些河段会形成牛轭湖。

搬运及沉积作用

被河水侵蚀下来的矿物颗粒、泥沙及碎块，会依其大小及比重，以悬浮、漂移及推移等搬运方式被流水带走。当遇到障碍物（如河床上的巨石），或是流入平原、湖泊或海洋时，因流速减慢，水流的力量已无法搬运这么多沙石，较重的岩屑、石砾会先沉淀下来，然后是较轻的泥沙。这种因河水搬运而使沙石依照大小先后沉积的作用，称为"淘选作用"。

从小溪到大河

河水在流动的同时，也进行全方位的侵蚀。水流朝着源头的侵蚀作用，称为"向源侵蚀"，可使河流的上游愈延愈长，河谷是典型的V形谷；水流朝着河床两岸的侵蚀作用称为"侧蚀"，可使河道加宽；水流将河道挖深的作用则称为"下切"。这三种力量使河流变长、加宽又加深，蜿蜒的小溪最后也会成为大河。

左图：河流对地形的各种作用，除了侵蚀还有沉积作用。图为沉积在河流中央的沙堆。（图片提供/达志影像）

右图：河流的搬运作用，将河水侵蚀携带的泥沙等冲入海洋。（图片提供/达志影像）

海水作用

（台湾野柳风景区一角，图片提供/维基百科，摄影/Komencanto）

地球上有3/4的面积被海水覆盖，这庞大的水体随时随地都在运动，并对海岸进行侵蚀与堆积。由于这两种作用，使得海岸线出现了丰富的变化，同时在海岸塑造出各种景观。

侵蚀与堆积

海水运动中，以波浪、洋流、潮汐三种最显著，它们日以继夜地进行着，对海岸造成侵蚀与堆积作用。波浪主要是受到风的影响，风力大小、风吹的距离和时间

澳大利亚南部维纳斯的海湾被波浪侵蚀后，沿岸的石灰岩即将崩落一块。（图片提供/维基百科）

等等，都会影响波浪的大小和高度。当波浪到达岸边时，会因海底变浅而受到摩擦力，然后破碎成为碎浪。经年累月的碎浪，夹带着岩屑、生物碎屑等不断冲击海岸，冲蚀并磨蚀岸上的岩石，形成海蚀平台、海蚀洞、海蚀柱等海蚀地形。被波浪侵蚀下来的岩屑，又被洋流、潮汐等搬运到别的地区，在波浪小、稳定的岩岸堆积下来，形成海积地形，例如砾滩、沙滩、沙洲等。

马耳他戈佐岛的著名景点"蔚蓝之窗"，是石灰岩海岸经海浪穿凿所形成。（图片提供/达志影像）

从卫星看海岸线

研究海岸线变迁的方法很多，主要可以分成地图、航空照片和卫星影像3种。通过比较前人绘制的地图和最新版本的地图，我们可以得知海岸线从过去到现在的改变。在卫星影像还不发达的年代，航空照片可以进一步提供经济、快速、高解析度的大范围海岸线变迁影像，以供研究。现在最热门的则是卫星影像！卫星影像具有涵盖面积广、多光谱、短期间内重复观测的特性，可以说是海岸线变迁研究的一大突破。不过在长时间尺度下，地图、航空照片还是很有用的！

2004年南亚海啸对泰国沿海地形造成巨大的改变。图为海啸发生前数月（左）和灾后的对照。（图片提供/NASA）

英国威尔斯南部的海蚀平台。海蚀平台的形成是海浪侵蚀悬崖底部造成海蚀洞，之后继续侵蚀，当海蚀洞无法再承受压力时便倒塌，使悬崖往内陆移而出现平台。（图片提供/维基百科，摄影/Yummifruitbat）

经由海水侵蚀而形成几乎完美的球形石头。（图片提供/维基百科）（摄影/Sebastien D'ARCO）

海岸线的变迁

海水作用也会造成海岸线的变迁，例如南亚海啸在短时间内涌进破坏性巨浪，造成海岸线的形态在一天内完全改观。但一般来说，波浪对海岸线的塑造是长期而缓慢的，它们会对不同岩石性质的海岸，造成不同程度的侵蚀与堆积，长久下来，侵蚀作用强的地区可能凹进成为海湾，侵蚀作用弱的地方就较凸出而成为海岬。此外，洋流若是受到人造防波堤、人造养殖场、港口、气候变迁等人为或自然因素影响，改变方向或速度，进而也会影响海水中沉积物的堆积，最后使得海岸线发生改变！

人造防波堤除了保护沿海设施之外，也可能使海岸线发生变化。（图片提供/达志影像）

冰川作用

（冰川作用所造成的U型峡谷，图片提供/GFDL）

虽然冰川只占地球约2%的水分，但却是世界上最大的淡水资源。这凝固的巨大水体，一旦移动起来，对于地面的侵蚀力量，不逊于河流！

冰川的种类与作用

南极大陆上的平均温度是-25℃，因此95%的陆地都被厚厚的冰雪覆盖。愈堆愈高的冰层厚度可达数千米，这么厚的冰层所

现今冰川的总面积约占了地球陆地面积的11%，占地球淡水总量的69%。图为冰岛的山岳冰川。（图片提供/GFDL）

产生的极大压力使冰层向外移动，形成缓慢移动的冰川，称为大陆冰川。

另一种造成冰川环境的是永久积雪的高山地区，冬天下雪量大于夏天融化量，雪花融解又结成更坚硬的冰，最后因重力作用使得冰体缓缓沿着山谷朝下移动，称为山岳冰川。

当冰川移动时，本身的重量对冰川床会造成磨蚀作用；而冰川床上突出的石块则被冰川的冰夹住带走，称为冰拔作用。冰体的重量与被带走的石块一边缓慢移动，一边继续侵蚀冰川床，在世界各地都有显著的冰川地形。

冰川对地形的影响

被冰川搬运的石块、碎屑堆积在冰川的终点或其他地方，称为"冰碛物"，所形成的地形就称

冰川对山谷的侵蚀示意图。（插画/陈正堃）

刃岭

角峰

冰蚀湖

U型谷

U型谷

冰川融化时会在原地形上留下沉积物，成群出现的鼓丘就是其中一种。

端碛是冰川口融化时，遗留的石块所形成的地形。

为"冰碛地形"。大陆冰川和山岳冰川造出的冰碛地形，各有特色。

冰蚀平原是大陆冰川长期侵蚀所形成的，地表遍布各种冰碛物造成的地形，例如堆积在冰川下游末端的端碛、堆积在冰川底部的底碛、堆积成小丘的冰碛丘，以及和冰川流向一致的椭圆形鼓丘。鼓丘的规模可大于数千米宽或高于50米，是分辨冰川流向的主要特

原为V字型的河谷，经过冰川侵蚀之后会形成较圆滑的U型谷。冰川的移动相当缓慢，一天可能只会行进几厘米而已。（图片提供/GFDL，摄影/Dirk Beyer）

冰川擦痕是冰川移动在冰川床上留下的痕迹。除了证明冰川的存在之外，也会显示冰川的移动方向。（图片提供/维基百科，摄影/Shizhao）

征之一。

山岳冰川挖蚀谷壁后形成的U型峡谷称为冰川槽，峡湾则是靠近海岸线的冰川槽受到海水入侵形成的。除了峡谷，冰川侵蚀出的洼地，若是积水便形成冰蚀湖。当冰川底部的冰水道流动时，会携带一些较轻的碎屑，这些碎屑在冰川底部堆积形成蜿蜒如蛇的蛇丘。等到冰水道流到冰川之外，便会分批有不同的冰碛物堆积下来，形成有层理的外洗扇及外洗平原。

冰河时期

冰河时期是指地表温度较低、冰川覆盖面积较大的时期，在地球的历史上一直反复出现。地球的上一次冰河时期是距今约7.7万年前到1.7万年前；它与更上一次冰河时期之间大约隔了6万年，称为间冰期。根据科学家的研究指出，上次冰河时期约有1/3的陆地被240米厚的冰层所覆盖，海平面则平均低于目前的海平面120米左右。这两项改变，对于今日生物的进化和分布都有很大影响。

在上一次冰河时期后绝种的长毛象。虽然绝种的原因至今不明，但是气候的剧烈变化是最普遍接受的假设。（图片提供/维基百科，摄影/Rama）

南极洲和冰岛是现今仅剩下的两个大陆冰川，是冰河时期遗留下来的巨大冰原。图为南极洲。（图片提供/GFDL，摄影/Mila Zinkova）

块体运动

（泥石流景象，摄影/萧淑美）

在地质学上，岩石、土壤快速向下坡移动的现象，称为块体运动，可分成坠落、滑落和流动三种。它的发生包括了自然和人为的因素，例如台风过后常见的山崩和泥石流，往往是因为自然加上人为的破坏。虽然块体运动的范围通常不大，只能改变局部的地表，但因发生地点常在人类活动和居住的山区，每每酿成严重的灾情。

坠落和滑落

岩石经过风化后变得脆弱而松散，当它崩解时，因为重力作用而使岩屑像自由落体般从陡峭的高处掉落、弹跳和滚动。此外，有时地震引起山崩

山坡上的石块因为风化、重力的关系而坠落。人们对山地的大量开垦也是山石崩落的原因之一。（图片提供/达志影像）

或是大雨引起塌方，也会造成岩石大规模的坠落。

滑落是岩屑或土壤沿着坡面向下滑。在自然的状况下，这种滑落原本不易成灾，但近年来由于山地大量开发，破坏水土保持，原本稳定的山脚又被挖做道路，或是山上盖了许多房子，山坡

美国加州太浩湖旁发生的山崩，使下面的89号高速公路停用了长达一年半。光秃的山崩区和两侧的茂密树林，形成强烈的对比。（图片提供/达志影像）

因为"头重脚轻"而不再稳定，大雨一来就下滑移位，造成可怕的山崩。

泥石流灾害

2006年2月17日在菲律宾依泰岛，因为台风带来连续两周高达2,000毫米的降雨量，加上当地土壤属于容易受流水侵蚀的火山灰，山坡又种植树根极浅的棕榈树，使得土壤松动而发生大片滑落，掩埋当地学校及将近300户的民房，造成超过千人失踪或死亡。除了降雨与地质条件不良外，该区在泥石流发生前的小地震更是造成泥石流的重要原因。

图为救灾人员在菲律宾当地协助搜寻罹难者。（图片提供/达志影像）

左：2007年罗莎台风在台湾引起的泥石流之一。图为阳明山上的一景。（图片提供/达志影像）

下：台风引起的泥石流。山坡因为人为的开发而不再稳定，在大雨或台风之后容易下滑，形成滑坡或泥石流。（图片提供/达志影像）

流动

当岩石碎屑与土壤富含大量水分时，便会出现流动，例如泥流、土流和泥石流。造成泥石流的原因很多，最常见的状况是地质条件不良的山坡地因为风化作用，使山坡上堆满大小岩石碎屑、泥沙、土壤等，若台风或暴雨带来丰富的水量，使山坡上的碎屑吸满水分，便会增加重力引起向下滑动。泥石流具有强大的破坏力，沿途摧毁林木、桥梁、建筑等，而这些又会加入流动的行列，造成更大的破坏，直到坡度较小的地方才停止。

图为瑞士一处村庄的泥石流灾害景象。这起意外发生的原因是山坡上的水坝无法负荷水量而溃堤。（图片提供/达志影像）

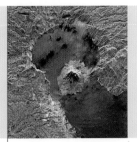

监测地表变动

（樱岛火山的卫星图，图片提供/维基百科）

地震、海啸、火山、泥石流已成为现代人的梦魇，与其消极地救灾、赈灾，不如积极地避灾、防灾。为了在灾害来临前预先警告及防范，监测成了最重要的一环。

泥石流监测

针对泥石流灾害有接触型与非接触型两种监测系统。非接触型是搜集与泥石流发生相关的降雨数据，例如降雨量、降雨强度等，传回相关部门分析。接触型是在防沙坝、河岸等处架设钢索检知器，当泥石流触动检知器时会发出警报；另外在下游装置地声（或次声）探测器，可以侦测泥石流在上游流动时，撞击河床所产生的震动，以供相关部门分析。

为了更精确地预测地震，技术人员正在对仪器做检查。在侦测地下水的变化之后，将资料传送到卫星，再送回监测本部。（图片提供/达志影像）

地震与海啸监测

地震监测有很多方法，例如利用GPS（全球卫星定位系统）研究地表变形的速率，逐年分析断层两侧是否有不正常的位移；或利用地下水中氡的含量变化来监测，因为地震发生前，地下岩层会开始破裂，将氡释放和扩散出来。目前最新技术是在断层两侧埋入井下应变仪，侦测断层每一个小的潜移或滑动；当断层出现

这些设备会在海面下制造声波，让岩石产生震波。研究人员分析传回来的震波，就可以侦测出这些海面下的地质。（图片提供/达志影像）

异常活动，便可测知地震即将发生。

　　海啸大多由地震引起，因此海啸监

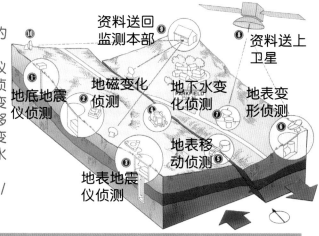

预测地震的各种方式。除了地震仪之外还可侦测地磁变化、地表移动、地表变形和地下水的变化等。（图片提供/达志影像）

冰川监测

　　冰川终年缓慢移动，不但温度酷寒而且冰川表面充满裂隙，实地监测既危险又昂贵。美国俄亥俄州立大学的研究小组，便利用冰川水分子中氢和氧的同位素含量，和雨水、河水等其他水体中的同位素含量作比较，用来监测冰川水融化后流入溪水的百分比。他们发现，全世界最大的冰川山脉科迪勒拉山在2004—2006年，流入河流内的冰川水增加了1.6%，证明冰川的确在不断地加速融化中。此外，位于瑞士苏黎世的世界冰川监测机构也公布，过去25年来，全世界的冰川厚度平均减少了10.56米，这对依赖冰川水当作饮用水的国家来说，赖以维生的水源正在逐渐消失，对当地民生、农业将会产生严重的威胁。

冰川下方地壳变动的侦测。这些设备都要经过特殊的设计才能在冰川上运作，人员也要经过训练才能在酷寒和危险的环境下工作。（图片提供/达志影像）

测与地震监测息息相关。监测方法包括用电脑模拟地震发生后海啸波的路径和波及范围，以及利用海底电缆搜集海啸波经过时海底的压力和传声变化。通过分析这些信息，可以相当准确地预测海啸。

火山监测

　　这是火山岛国家最重要的课题之一。在冰岛、日本、意大利、夏威夷等地，科学家通过侦测火山溢出气体的变化、火山附近地温的改变、岩浆活动造成的微震、岩浆造成的地磁改变等现象，精密监控火山活动，以便在火山喷发前警告当地居民疏散应变。

印度尼西亚的火山专家正在记录、侦测附近火山的地表动态。（图片提供/达志影像）

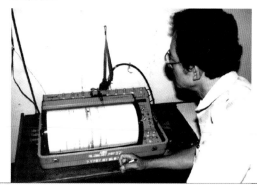

英语关键词

地球	Earth	花岗岩	granite
内营力	endogenic process	山	mountain
外营力	exogenic process	褶皱	fold
构造运动	tectonic movement	正断层	normal fault
大陆漂移	continental drift	逆断层	thrust fault
大陆地壳	continental crust	转型断层	transform fault
海洋地壳	oceanic crust	岩浆库	magma reservoir
聚合型板块	convergent plate	岩浆	magma
分离型板块	divergent plate	熔岩	lava
错动型板块	shear plate	地震	earthquake
盘古大陆	Pangaea	火山	volcano
地层	stratum	火山口	caldera
地壳	crust	中洋脊	mid-ocean ridge
地幔	mantle	热点	hotspot
地核	core	温泉	hot spring
软流圈	asthenosphere	海啸	tsunami
玄武岩	basalt	块体运动	mass movement

泥石流　mudflow

风化　weathering

侵蚀　erosion

堆积　deposition

搬运　transportation

波浪　wave

潮汐　tide

河流　river

气候　climate

土壤　soil

沙漠　desert

海岸线　coastal line

海蚀平台　wave-cut platform

大陆冰川　continental glacier

山岳冰川　alpine glacier

鼓丘　drumlin

刃岭　arête

冰碛　moraine

擦痕　glacial striation

地震仪　seismometer

里氏规模　Richter scale

监测　monitor

观测资料　observation data

震中　epicenter

震源　hypocenter

喜马拉雅山　Himalayas

大峡谷　Grand Canyon

圣安地列斯断层　San Andreas Fault

东非大裂谷　Great Rift Valley

尼亚加拉大瀑布　Niagara Falls

米尔恩　John Milne

魏格纳　Alfred Wegener

新视野学习单

1 连连看。下列哪些属于内营力作用，哪些属于外营力作用？

岩浆流动 ·
风化作用 ·   · 内营力作用
火山活动 ·
地震 ·
河流侵蚀 ·   · 外营力作用
冰川作用 ·

（答案在08—09页）

2 关于板块构造运动和造山运动，哪些叙述是正确的？（多选）

（ ）板块的边界分为聚合型、分离型和错动型三种。
（ ）构造运动分为垂直和水平两种，两者不会在同地点发生。
（ ）喜马拉雅山属于褶皱山脉。
（ ）东非大裂谷是一系列正断层造成的。

（答案在10—11、14—15）

3 是非题。关于大陆漂移学说和海底扩张学说，下列叙述对的打○，错的打×。

（ ）大陆漂移学说是德国科学家魏格纳提出。
（ ）大陆漂移学说指出五大洲是由一个大陆分裂而来。
（ ）世界各地都有冰川地形，这是大陆漂移学说的证据。
（ ）海底扩张学说的证据是中洋脊两侧的地形对称。

（答案在12—13页）

4 关于地震，哪些叙述是正确的？（多选）

（ ）英国科学家米尔恩所发表的《夏德通报》，是世界第一部地震资料实录。
（ ）地震主要分布在板块之间的边界，由断层引起。
（ ）海底不会出现地震。
（ ）1995年阪神大地震，是由聚合型板块边界的断层造成。

（答案在06—07、16—17页）

5 下列关于火山和海啸的叙述，哪些是正确的？（多选）

（ ）热点火山的成因和板块活动有关。
（ ）依火山喷发的频率可以分为活火山、死火山和休眠火山等。
（ ）在海中容易察觉到海啸。
（ ）海啸会受到海底地形影响。

（答案在18—21页）

6 连连看，左栏的风化方式和右栏的例子如何对应？

物理风化·　　　　·风力侵蚀

　　　　　　　　·矿物氧化

　　　　　　　　·雨水溶解矿物

化学风化·　　　　·温度改变

（答案在22—23页）

7 是非题。关于河水和海水作用所形成的现象，对的打〇，错的打×。

（　）河流会在地表侵蚀出V型谷。

（　）人造防波堤不会造成海岸线的变迁。

（　）三角洲是河流进入大海前沉积泥沙的产物。

（　）海水运动中以波浪、洋流和潮汐三种作用最为明显。

（答案在24—27页）

8 下列关于冰川的叙述，哪些是正确的？（多选）

（　）冰川擦痕不会显示冰川的移动方向。

（　）山岳冰川是因为重力作用而移动的。

（　）大陆冰川是冰层堆积产生压力而移动的。

（　）冰岛和南极洲是现在仅剩下的两个大陆冰川。

（答案在28—29页）

9 是非题。我们要如何预防泥石流或山崩？对的打〇，错的打×。

（　）要进行水土保持。

（　）保护山脚。

（　）稳定边坡。

（　）进行山坡的各种开垦。

（答案在30—31页）

10 下列关于地表的各种监测，哪些叙述是正确的？（多选）

（　）泥石流监测分为接触和非接触型两种。

（　）海啸监测和地震监测没有关系。

（　）海啸预测是利用海底电缆搜集海啸波经过海底时的压力和传声变化。

（　）侦测地磁变化、地表移动、地下水变化都是预测地震的方法之一。

（答案在32—33页）

我想知道······

这里有30个有意思的问题，请你沿着格子前进，找出答案，你将会有意想不到的惊喜哦！

开始！

20世纪丧生人数最多的是哪次地震？
P.06

世界最早的地震仪是谁发明的？
P.07

美国大怎么造

海啸的英文名字出自哪国语言？
P.20

海啸发生前会有什么特征？
P.21

风化作用是如何产生的？
P.22

太棒得美牌。

海啸是如何形成的？
P.20

什么是U型谷？
P.29

山崩和泥石流是如何形成的？
P.30

地震要如何侦测？
P.32

为什么到夏威夷不可随意带走当地的石头？
P.19

冰川会对地形造成什么影响？
P.28

改变海岸线的原因有哪几种？
P.27

颁发洲金

太厉害了，非洲金牌也是你的！

火山喷发的方式会受什么影响？
P.19

为什么夏威夷火山群岛会呈长条状？
P.18

火山在古罗马文中是什么意思？
P.18

地震的什么神

峡谷是如何形成的？ P.09

钟乳石是如何形成的？ P.09

地球的地壳是如何形成的？ P.10

不错哦，你已前进5格。送你一块亚洲金牌！

了，赢洲金

土壤与沙漠是如何形成的？ P.23

为什么会有彩色沙漠？ P.23

盘古大陆是什么？ P.13

断层会造成什么地形？ P.14

太好了！你是不是觉得：Open a Book！Open the World！

河流为什么会变长、变宽、变深？ P.25

鱼龙化石为什么会出现在喜马拉雅山上？ P.15

大洋牌。

海水运动中以哪三种最明显？ P.26

尼亚加拉大瀑布会消失吗？ P.25

为什么会有地震？ P.16

起因有话？ P.17

中洋脊是什么？ P.17

获得欧洲金牌一枚，请继续加油！

1995年日本的阪神大地震创下什么纪录？ P.16

图书在版编目（CIP）数据

地球的变动：大字版 / 谢中敏撰文 . —北京：中国盲文
出版社，2014.5

(新视野学习百科；13)

ISBN 978-7-5002-5078-4

Ⅰ．①地… Ⅱ．①谢… Ⅲ．①地球科学—青少年读物
Ⅳ．① P-49

中国版本图书馆 CIP 数据核字 (2014) 第 084723 号

原出版者：暢談國際文化事業股份有限公司
著作权合同登记号 图字：01-2014-2138 号

地球的变动

撰　　文：谢中敏

审　　订：王　鑫

责任编辑：于　娟

出版发行：中国盲文出版社

社　　址：北京市西城区太平街甲 6 号

邮政编码：100050

印　　刷：北京盛通印刷股份有限公司

经　　销：新华书店

开　　本：889×1194　1/16

字　　数：33 千字

印　　张：2.5

版　　次：2014 年 12 月第 1 版　2014 年 12 月第 1 次印刷

书　　号：ISBN 978-7-5002-5078-4 / P · 35

定　　价：16.00 元

销售热线：　(010) 83190288 83190292

绿色印刷　保护环境　爱护健康

亲爱的读者朋友：

本书已入选"北京市绿色印刷工程—优秀出版物绿色印刷示范项目"。它采用绿色印刷标准印制，在封底印有"绿色印刷产品"标志。

按照国家环境标准 (HJ2503-2011) 《环境标志产品技术要求 印刷 第一部分：平版印刷》，本书选用环保型纸张、油墨、胶水等原辅材料，生产过程注重节能减排，印刷产品符合人体健康要求。

选择绿色印刷图书，畅享环保健康阅读！

北京市绿色印刷工程

新视野学习百科 100 册

打开一本书　看懂一个世界
Open a Book　Open the World

新视野学习百科 1　地球的变动

ISBN 978-7-5002-5078-4

9 787500 250784

定价: 16.00 元

大字版·国家彩票公益金资助

河川与湖泊

台湾引进 新视野学习百科 11
●天文与地理●

河川与湖泊是如何形成的？
瀑布、峡谷、壶穴、冲积扇会出现在哪里？
河川与湖泊不但为地球塑造出千变万化
的地貌，也和人类的文明与生活息息相关。

北京市绿色印刷工程——优秀青少年读物绿色印刷示范项目

让知识的光芒照亮我们的人生

　　每个孩子都有好奇心，他们总是以各种方式观察和思考周围的世界。生命是怎么起源的？世界上有多少种蝴蝶？人类什么时候能登上火星？人类最终能与细菌病毒和平相处吗？千百年来，人们不断破解大自然的谜团。但是，在我们生活的世界又有太多的谜团！

　　世界多么奇妙啊，宇宙浩渺无垠，隐藏着无数奥秘，它到底是什么样子？未来它又会怎样？也许有人会说，这样的问题还是留给科学家去研究吧，我们要关心的是人类的地球家园。可是，对于地球我们又了解多少呢？比如，恐龙为什么会灭绝？气候变化是什么原因造成的？人类，还有其他的生物还在进化吗？如果还在进化，那么几亿年之后，我们人类，还有大猩猩、长颈鹿、袋鼠、蜂鸟……会变成什么样呢？有人会说，这样的问题都是科学家们争论不休的，我们还是讨论一些现实问题，比如PM2.5，交通拥堵，水资源短缺，手机辐射，转基因食品等等，而要解答这些问题，我们现有的知识是远远不够的。

　　怎么办呢？那就让我们翻开这套《新视野学习百科》吧。这是一个巨大的、仿佛取之不尽、用之不竭的知识宝库。它既告诉我们科学家在探索中取得的成就，也告诉我们他们曾遇到的挫折和教训，还有他们未来的努力方向。它不仅帮助我们学习科学和文化、提高学习能力，更让我们学会探索和发现通往真理的道路。

　　这套从台湾引进的学习百科全书，每一册都独具匠心地设计了许多有趣的问题，让孩子们在阅读前进行思考，然后再深入浅出地引导他们探索世界科技和人文的发展。它让孩子们带着兴趣去阅读，带着发现去研究，带着知识去成长，带着理想去翱翔。它不仅能带给孩子学习的热情和创造力，也会给老师和家长意外的惊喜和收获，真可以称得上是我们触手可及的"身边的图书馆"和"无围墙的大学"。

　　让我们一起翻开《新视野学习百科》吧，它不仅是孩子们的好朋友，也一定是成年人的好朋友……